U0376107

孩子超喜欢看的趣味科学馆

PLANT 植物

李　涛◎主编

吉林科学技术出版社

图书在版编目（CIP）数据

植物 / 李涛主编. -- 长春 : 吉林科学技术出版社, 2024. 8
（孩子超喜欢看的趣味科学馆 / 韩雨江主编）
ISBN 978-7-5744-1509-6

Ⅰ. ①植… Ⅱ. ①李… Ⅲ. ①植物—儿童读物 Ⅳ. Q94-49

中国国家版本馆CIP数据核字第2024AE5506号

孩子超喜欢看的趣味科学馆　植物

HAIZI CHAO XIHUAN KAN DE QUWEI KEXUEGUAN　ZHIWU

主　　编　李　涛
策 划 人　张晶昱
出 版 人　宛　霞
责任编辑　徐海韬
助理编辑　宿迪超　周　禹　郭劲松
制　　版　长春美印图文设计有限公司
封面设计　星客月客
幅面尺寸　167 mm × 235 mm
开　　本　16
字　　数　62.5千字
印　　张　5
印　　数　1–5 000册
版　　次　2024年8月第1版
印　　次　2024年8月第1次印刷

出　　版　吉林科学技术出版社
发　　行　吉林科学技术出版社
地　　址　长春市福祉大路5788号出版集团A座
邮　　编　130118
发行部电话/传真　0431–81629529　81629530　81629531
　　　　　　　　81629532　81629533　81629534
储运部电话　0431–86059116
编辑部电话　0431–81629380
印　　刷　吉林省创美堂印刷有限公司

书　　号　ISBN 978-7-5744-1509-6
定　　价　25.00元
如有印装质量问题　可寄出版社调换
版权所有　翻印必究　举报电话：0431–81629380

○ 遇见古老的植物
○ 感受自然的力量
○ 美了千年的植物
○ 学着养一盆绿植

目录

梨

梨是人们经常食用的一种水果。果肉清甜可口，汁多香脆，有润喉作用。梨的品种繁多，有长得像葫芦一样的西洋梨，有状似鸭头的鸭梨，还有冬季常见的雪花梨等。梨非常高产，通常一根树枝上挂满了梨子，会把树枝压弯。

梨

别称： 快果、蜜父

科： 蔷薇科

分类： 梨属

成熟时节： 9—11月

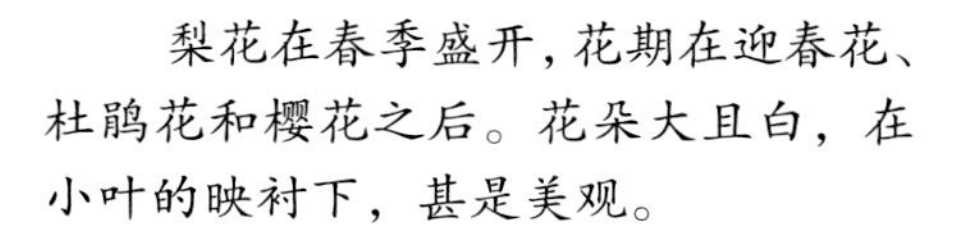

梨花在春季盛开，花期在迎春花、杜鹃花和樱花之后。花朵大且白，在小叶的映衬下，甚是美观。

将去核的雪梨和冰糖一起慢炖而成的冰糖雪梨，口味香甜，非常爽口，有生津润燥、清热化痰的功效，可用来辅助治疗咳嗽。

木芙蓉

木芙蓉，因花朵形似荷花而得名。木芙蓉的叶子宽大，为心形；花朵单生，在枝端的叶腋间，初开时为白色或淡红色，逐渐变成深红色；结扁球形的蒴果，种子形似肾脏。木芙蓉晚秋才开始绽放花朵，不畏冰霜和严寒，所以又称“拒霜花”。它的用途较广，树皮纤维可以搓绳、织布，根、花、叶均可供药用。

叶缘呈锯齿状，先端尖细，表面有星状的细毛和小点。

茎部结实，内部纤维柔韧而且耐水性强，可以作为麻类的替代品，也可用于造纸。

木芙蓉

别称：拒霜花

科：锦葵科

分类：木槿属

花期：8—10月

核　桃

核桃树每年5月开花，6月开始结果，到了盛夏时节，青色的核桃便挂满了树枝。核桃在秋季成熟，可以存放很长时间。核桃包裹在一层青色的外果皮和中果皮内，当核桃成熟的时候，外果皮会开裂，核桃会掉落到地上。核桃还有一层坚硬的壳（即内果皮），把这层壳去掉，就露出了皱巴巴的核桃仁（种子）。

核桃
别称：胡桃、羌桃
科：胡桃科
分类：胡桃属
花期：5月

核桃仁有很多褶皱，与大脑皮层相似。

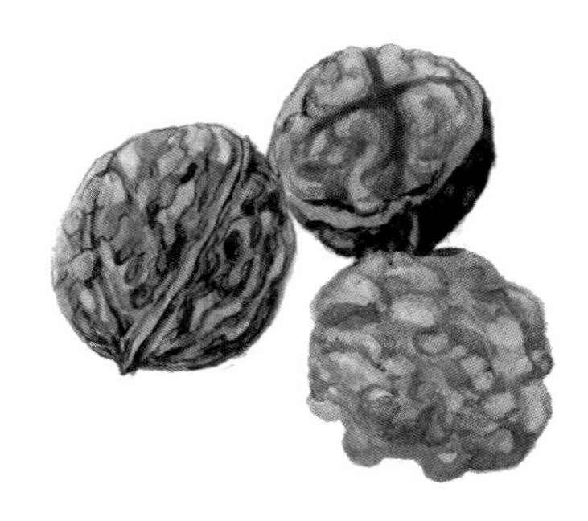

核桃仁可以用来制作香喷喷的糕点。

木半夏

初夏时节，木半夏已由原来的青色变成红色，成熟了。将木半夏从树上采下并清洗后，除了内部的果核，其他部位均可以食用。入口时，口味香甜，回味微酸，略带涩味。

木半夏

别称：四月子

科：胡颓子科

分类：胡颓子属

花期：4—5 月

木半夏有野生的，也有人工培育的，培育的品种一般种植在院子或公园里，具有一定的装饰作用。

春季开花，气味清香。花朵最开始为白色，逐渐变成淡黄色，然后凋谢。

木半夏的花朵盛开时，可以将其采下，经过清洗、晒干制成花茶，还可以用来泡酒。

板 栗

板栗俗称“栗子”，包裹在栗球里。栗球为总苞，绿色，全身长满了刺，长在树枝上。待栗子彻底成熟时，栗球会自动裂开，也有一些是整个栗球都掉下来。采摘的人需要戴上皮手套，用钳子等工具才能将栗子从栗球里取出来。栗子为坚果，可生食，爽脆可口，煮熟或烤熟食用，味道也很香甜。

板栗

别称：栗、毛栗

科：壳斗科

分类：栗属

花期：9—10 月

栗球表面布满硬刺，非常锐利。如果不小心，触碰时极容易扎伤手指。

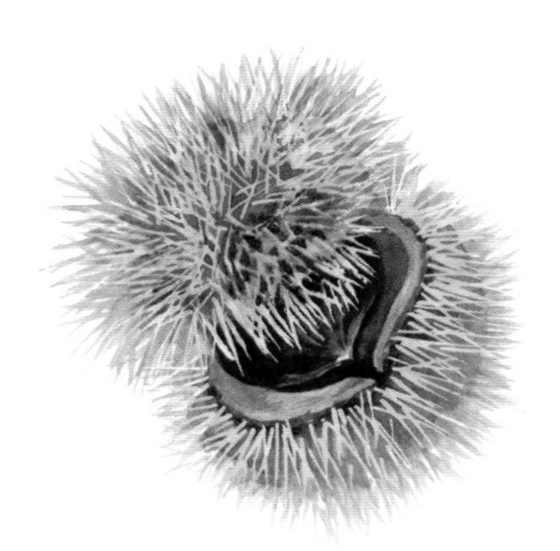

栗子花朵表面有毛，香味浓郁，花蜜的含量也很高。雄花较为独特，又细又长且为白色，远远看去类似白色的羽毛。

将栗子的果皮去掉，栗子果肉外面还有一层毛茸茸的硬膜，把这层膜也去掉，就露出黄色的栗肉了。炒栗子味道香甜，所以，人们更偏爱炒食。不过，炒之前需要在栗子的硬壳上划开一个小口，以免炒时栗子炸开。

米仔兰

米仔兰适合生长于温暖、湿润、阳光充足的环境，原产于亚洲南部，中国、越南、印度、泰国、马来西亚等国均有种植。米仔兰花含有丰富的挥发油，可从中提取，用作调配香水、香皂或化妆品等的香料。米仔兰的花朵较小，排列密集，多为黄色，具有浓郁的香气。

米仔兰

别称： 米兰、珍珠兰

科： 楝科

分类： 米仔兰属

花期： 7—8 月

米仔兰的浆果呈红色，近乎球形。

米仔兰的植株比较高大，可达 7 米，且枝叶繁茂，绿意盎然，常被用作盆栽风景树，用来装扮门厅、会场、庭院等。

龙吐珠

龙吐珠因花形如“游龙吐珠”而得名，花朵非常美观。花序如收拢的伞，白色的花萼呈卵状三角形，花瓣中雄蕊很长，露出花冠，就像白色的花萼吐出鲜红色的花蕊。花朵具有清热解毒、散瘀消肿的功效。常见的栽培品种有红萼龙吐珠，花萼呈粉红色。

龙吐珠

别称： 珍珠宝莲

科： 马鞭草科

分类： 大青属

花期： 3—6 月

枝条较为柔弱而且下垂，叶子的质地类似于纸张。花朵长在枝端或枝上部叶腋。

白色花瓣中的雄蕊突出在花冠之外，非常美观。

牡　丹

牡丹花色泽艳丽，华贵唯美，素有“花中之王”的美誉。中国的牡丹品种非常丰富，遍布各个省市。牡丹花茎长可达2米，花朵较大，直径为10—17厘米。花瓣为层叠的重瓣，花瓣厚且花香浓郁，深受人们喜爱。

牡丹

别称： 富贵花、洛阳花、百雨金、木芍药

科： 芍药科

分类： 芍药属

花期： 4 月中下旬

当花蕾变得饱满硬实时，牡丹花开始绽放。待所有花瓣舒展开并完全开放后，花朵逐渐枯萎，果实开始缓慢生长，直到变为黄色，果实就成熟了。

牡丹花在中国象征着“富贵、繁荣兴旺”，所以人们常培育牡丹，用来装扮花坛、门庭等。

桂 花

桂花树是一种常绿灌木或小乔木，通常为3—5米高，最高可达18米。枝干较为粗壮，树皮呈灰褐色，小枝为黄褐色且无毛。叶子属革质，较硬，呈椭圆形、长椭圆形或椭圆状披针形。花朵簇生在叶腋，形成了聚伞花序，远远看去像扫帚。桂花有浓郁香气，每到花期，在距离很远的地方就能闻到，所以才会有“桂花十里飘香”的说法。

桂花的叶子较大，长为 7—14.5 厘米，宽为 2.6—4.5 厘米；花朵较小，呈黄白色、淡黄色、黄色或橘红色，在绿叶的映衬下，显得格外典雅秀丽。

桂花可用来制作桂花糕，美味可口，深受人们喜爱。

桂花

别称： 岩桂、木樨

科： 木樨科

分类： 木樨属

花期： 9—10 月

爬山虎

爬山虎与野葡萄藤很相像，藤茎长达18米；枝条较为粗壮，枝上长有卷须，卷须的顶端和尖端皆有黏性吸盘，使它能吸附在岩石、墙壁或树木等的表面。花朵很小，成簇生长，多为黄绿色，隐藏在绿色的叶子中并不明显。

爬山虎

别称： 巴山虎、红丝草、爬墙虎

科： 葡萄科

分类： 地锦属

花期： 5—8月

爬山虎一般生长在阴湿的环境中，由于生命力极强，枝叶生长迅速，常被用来装饰庭院或围墙。

葡 萄

葡萄是世界上最古老的果树品种之一，种植历史悠久。它是一种藤蔓植物，可以攀附在棚架上生长。4—5月开花，待花凋谢，就长出青色的葡萄粒来。葡萄成熟时，果皮会变为紫色，颗粒饱满。葡萄是世界上产量最高的水果之一，可以直接食用，还可以用来酿造葡萄酒或制成果汁、罐头等。

葡萄

别称： 草龙珠、蒲陶、山葫芦
科： 葡萄科
分类： 葡萄属
花期： 4—5月

葡萄常用来酿造葡萄酒，即红酒。

将吃不完的葡萄晒干，就成了葡萄干。用包装袋包好，不易变质，可以储存很长时间。

李

夏季，李子由青色逐渐变为紫红色，果肉酸甜可口。成熟的李子多汁、香甜，但果皮很酸，所以，人们常喜欢去掉李子的外皮再食用。李子的品种多，果肉有红色的，也有黄色的。李子的营养丰富，其中抗氧化剂的含量非常高。

李

别称：嘉庆子、玉皇李、山李子

科：蔷薇科

分类：李属

花期：4 月

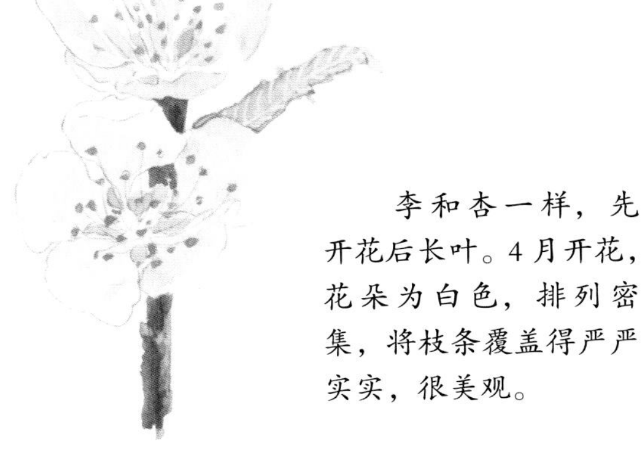

李和杏一样，先开花后长叶。4 月开花，花朵为白色，排列密集，将枝条覆盖得严严实实，很美观。

李子内有一颗坚硬的核，位于果肉中间。其肉质松软，不能长期保存。

把李子的果肉晒干制成果脯，味道酸甜，可以保存很长时间。

苹　果

苹果是人们喜爱并经常食用的水果。初夏时，苹果的味道是清甜中略带酸味。晚秋，苹果成熟，果皮颜色变成红色，果肉也更加香甜。苹果富含各种维生素及微量元素，带皮食用营养更加丰富。苹果的果皮中含有大量膳食纤维，有助于消化。

苹果

别称：平安果、智慧果、超凡子

科：蔷薇科

分类：苹果属

花期：4—6 月

苹果树在 4—6 月开花，未开放时，花苞带粉红色，开放后花朵为白色。

苹果的果汁含量较高，苹果汁经过发酵可以制成苹果醋，味道酸中带甜，非常爽口。

玫 瑰

玫瑰是世界上很多国家的国花，如英国、美国。玫瑰气味芳香，主要用于制作食品或提炼玫瑰精油。花朵生于叶腋，颜色多样，如红色、白色、蓝色，色泽鲜艳，花瓣内外重叠，非常美观。

玫瑰

别称： 赤蔷薇、刺玫花

科： 蔷薇科

分类： 蔷薇属

花期： 4—6 月

苞片呈卵形并长有茸毛，花梗、萼片上也长有茸毛。

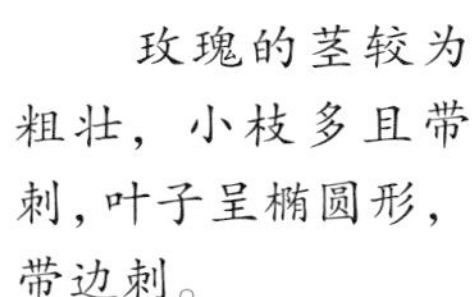

玫瑰的茎较为粗壮，小枝多且带刺，叶子呈椭圆形，带边刺。

红色玫瑰花象征着美好的爱情，常用来赠送心爱的人。

无花果

无花果并不是不开花的植物，当无花果树结出状似“树瘤”的果实时，细密的小花就开在“树瘤”这个膨大的肉质花托内壁上，被称为“隐头花序”，由于在外部看不见，人们就以为这种植物不开花，因此称其为“无花果”。无花果“果实”圆滚滚的，未成熟时为青色，将要成熟时，无花果会迅速变大、变软。成熟的无花果味道香甜。

无花果

别称： 映日果、蜜果、文仙果、优昙钵

科： 桑科

分类： 榕属

花期： 5—7 月

切开无花果，会露出柔软的红色果肉，果肉晒干后会变得干瘪，颜色变成灰褐色。

用无花果的果肉制作的酥饼，香气浓厚、味道甘甜。

无花果的果肉晒干后可用来泡茶，也可以搭配面包、蛋糕等糕点食用。

山茶花

山茶树一般生长在半阴凉的环境中，花期一般在10月至次年3月，花朵大，为鲜艳的大红色。山茶花花姿优美，花朵艳丽，不仅可以净化空气，还可以用作装饰，所以常常用来布置庭院或厅堂。山茶花有很高的药用价值，有止血、凉血、调胃、理气、散瘀、消肿等功效。

山茶花

别称：耐冬、山椿

科：山茶科

分类：山茶属

花期：10月—次年3月

山茶花的叶子为亮绿色，呈卵圆形或椭圆形，边缘呈锯齿状，互生于枝条上。

山茶花的茎较短，花朵的直径为5—6厘米。花蕊呈金黄色，点缀着大红色的花瓣，非常美观。

石 榴

石榴树的枝叶精致，花色鲜艳绚丽，开花后树上会结满红色的果实。石榴的果皮很厚，成熟后自动裂开，露出颗粒饱满的果肉。果肉晶莹透亮，富含汁水，酸甜可口。石榴成熟的过程中，需要干燥的环境，若遇上多雨的天气，石榴会变得淡而无味。

石榴

别称：安石榴

科：石榴科

分类：石榴属

花期：5—6 月

花朵为火红色，鲜艳夺目，花瓣直立，在绿叶的掩映下非常美观。

完成授粉的花朵会结出小石榴，石榴不断长大，果皮逐渐变厚。成熟时，果皮变成红色，还会开裂。

柿　子

人们喜欢在自家院子里种上一两棵柿树。待三四年后，柿树上会结出柿子。秋季，成熟的柿子表皮由绿色变成黄色，涩味消失，变得像蜂蜜一样甜。不过，空腹时尽量不要吃柿子，可能引起恶心、呕吐。

将柿子去皮晒干，就制成了柿饼。柿饼味道香甜，有嚼劲，是孩子们喜食的甜品。

柿子很美味，采摘柿子需要专业的技术，因为看似粗壮的柿子树枝极易发生断裂，十分危险，需要经验丰富的人爬到树上采摘。

柿子

别称： 米果、红柿

科： 柿科

分类： 柿属

花期： 5—6 月

火龙果

火龙果的果实形似红色火球，因此得名。火龙果为多年生肉质攀缘植物。其植株非常奇特，没有叶子，茎上只有叶腋所生成的小窗孔，孔内还长有小刺。火龙果呈长圆形，成熟时外皮为红色，去皮后可以直接食用，也可以做成沙拉等，味道清香可口。

火龙果

别称： 吉祥果、红龙果

科： 仙人掌科

分类： 量天尺属

花期： 4—11月

常见火龙果的果肉有白色和红色两种，无论哪一种，内部都布满黑色的、形如芝麻的籽。

火龙果的花朵为白色，呈漏斗形。花朵非常大，花高30厘米，直径达11厘米，甚是美观。花朵可以熬汤，味道鲜美。

橘　子

橘子原产于中国，具有数千年的培育历史。冬季成熟，虽然未成熟时就可以食用，但是味道过酸，口感略差。当橘子成熟后，表皮由青色变成黄色，酸味减少，甜味增加。食用橘子时，需要将橘子皮剥开。

橘子

别称： 柑橘
科： 芸香科
分类： 柑橘属
花期： 3—5 月

橘子果肉多汁，可以制成罐头，延长保质期。

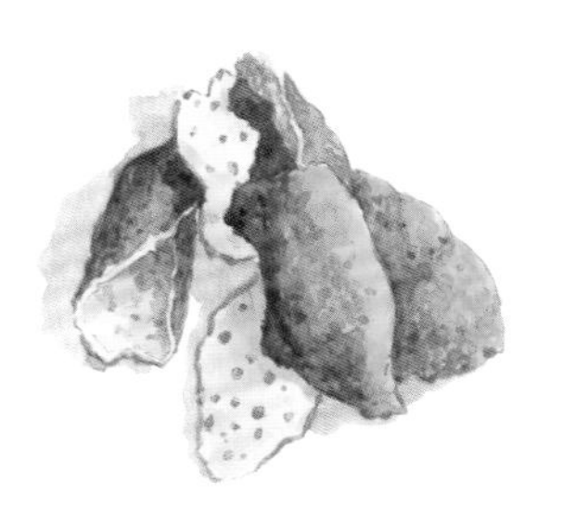

将特定品种的橘子皮晒干，可供药用，这就是中药中的“陈皮”。

橘子树于 3—5 月开花，花朵为白色，有清新的香气。

桃　子

桃子原产于中国，品种丰富，有白桃、黄桃、油桃等。夏季桃子成熟，肉质变得松软，汁液量大，有特殊的香气，香甜可口。食用桃子前一定要将表皮清洗干净，因为它的表皮上长有短茸毛。桃子味道香甜，但一次不要食用太多，否则容易引起腹胀。

桃子

别称：佛桃、水蜜桃

科：蔷薇科

分类：桃属

花期：3—4 月

将桃花洗净，放入容器中，加入白酒酿成香醇的桃花酒，适量饮用，具有美容养颜的功效。

桃树春季开花，桃花盛开的时候，成片的粉红色花朵常常引人驻足观赏。

桃子极易腐烂，为了保存得更久，可以将其制成罐头。

梅　子

梅子表皮多毛，成熟时变为黄色。熟透的梅子又酸又涩，因此，梅子通常在还未熟透前就已经被采摘了。人们更偏爱用未成熟的梅子酿酒或腌制果酱，优点是保存时间较长。

梅子

别称：青梅、酸梅

科：蔷薇科

分类：杏属

花期：5—6 月

梅子可以用来酿酒，酸中带甜，非常可口。

梅子在早春开花，称为梅花。梅花为粉红色，鲜艳夺目，香气浓郁，具有较高的观赏价值。

将梅子洗净，存放在瓶中，加入糖，会有果汁渗出。这种汁液可以用来泡茶，叫作“梅子茶”。夏季饮用梅子茶，可以预防中暑。

杏

杏的果肉、核仁均可食用。杏未成熟时为青色，非常酸，成熟后变为黄色，口感酸甜。此时，果肉会变得很柔软，不及时采摘就会掉落到地上，有的甚至裂开，露出里面的杏核。

杏

别称：甜梅、杏果
科：蔷薇科
分类：杏属
花期：6—7月

杏树先开花后长叶。春季开花，花朵为淡红色或白色，花谢的时候，花瓣缓缓飘落，非常美观。

杏仁可以磨成粉末熬粥，味道清香可口。杏仁还可入药。

杏的果肉可以晒干制成杏干；将晒干后的杏核外壳砸碎，就可以取出杏仁，杏仁也是一种营养丰富的干果。

树　莓

树莓味道酸甜，可以连籽一起食用。从初夏开始，果皮由青色逐渐变红，直到熟透变成黑色。采摘成熟的树莓时，不能过于用力摇晃树干，否则树莓会大量掉落。树莓的枝蔓上长有尖刺，采摘时，要避免被刺伤。树莓可以用来酿酒，也可制成果汁。树莓的品种有很多，其中绿叶悬钩子是成熟得最早的一种树莓。

树莓

别称：悬钩子、覆盆子

科：蔷薇科

分类：悬钩子属

花期：6—7 月

牛叠肚是最为常见的树莓品种，生长在田埂上。

茅莓的颗粒比其他品种的树莓更大一些。

蛇莓不属于树莓，但外观与树莓非常相似。

樱　桃

樱桃成熟后，果皮变得鲜亮，颜色红如玛瑙。樱桃的直径为0.9—1.3厘米，大小适合直接入口。樱桃的味道甜美，微酸，营养丰富，其中铁元素的含量很高，对于缺铁性贫血的人有补铁功效。不过，樱桃不宜多食。

樱桃

别称：莺桃、荆桃

科：蔷薇科

分类：樱属

花期：5—6 月

- 遇见古老的植物
- 感受自然的力量
- 美了千年的植物
- 学着养一盆绿植

扫码查看

樱桃多汁，可以榨取果汁，制成樱桃味的饮料。

樱桃可以腌制，酸甜可口，很美味。

将樱桃制成罐头，可以存放较长时间。

桑 葚

桑葚是桑树的果实，初熟时果皮从青色转为红色，熟透后为黑色，如墨汁一般，颜色黑亮。熟透的桑葚味道甜美，稍微带点儿酸味，有开胃的作用。桑葚的汁液较多，能将嘴角和手指染成黑色，所以，食用时注意保持衣物清洁。桑葚可以加工成果酱、果汁、蜜饯等，或用来酿酒。

桑葚

别称：桑果、桑枣

科：桑科

分类：桑属

花期：4—6 月

桑叶是蚕的主要食物，人们常采桑叶来饲养蚕。

红色的桑葚已经很甜了，所以，很多小孩等不及，在桑葚还未熟透时，就会采来食用。

三角梅

三角梅适合生长在阳光充足、温暖湿润的环境，属攀缘灌木。茎较为粗壮，叶子和枝条间长有直直的刺，即“腋生直刺”。叶子互生，类似纸质，呈卵形或卵状披针形。花朵长在枝条的顶部，通常3朵一簇，生于3枚呈叶状的苞片中，颜色非常鲜艳，多为紫红色。叶子花的花朵是中药材，具有止血、消肿的功效。

三角梅

别称： 叶子花、九重葛

科： 紫茉莉科

分类： 叶子花属

花期： 10—12 月

叶子花的花朵比苞片小一些，附着在苞片上，花冠呈管状，颜色鲜艳。

叶子花通常攀附在山石、院墙和廊柱上生长，是一种攀缘灌木。

百 合

百合是一种广受人们喜爱的世界名花。花朵生在茎顶部，呈漏斗形，花色鲜艳，典雅而优美。鳞茎由许多白色鳞片层层环抱而成，形态特别像莲花。它的鳞茎可以食用，也可以供药用。从鳞茎上取下一片，插入土中，也许它就能再生出一株百合来，你想试试吗？

百合

别称：山丹、百合蒜、夜合花、倒仙

科：百合科

分类：百合属

花期：5—6 月

百合的原品种大概有 120 种，其中山丹百合的花色为红色，非常鲜艳。

有一种百合的花朵中间为淡红色，边缘为白色，花瓣向外反卷，花瓣上还有玫瑰花纹和斑点，犹如鹿身上的斑纹一般，又称“鹿子百合”。

郁金香

郁金香遍布世界各地，是土耳其、荷兰等国家的国花。郁金香的鳞茎为圆锥形，秋季栽种后，次年春季就会长出新苗。花朵生在花茎的顶端，一根花茎上只长一朵花。花体较大，呈直立的杯状，颜色鲜艳，形态秀丽。由于郁金香有极好的除臭作用，所以，它也是各种香料的原料。

郁金香

别称： 洋荷花、草麝香、荷兰花

科： 百合科

分类： 郁金香属

花期： 4—5 月

- 遇见古老的植物
- 感受自然的力量
- 美了千年的植物
- 学着养一盆绿植

郁金香的花色繁多，其中比较常见的为白色、红色、黄色、紫色、粉色等。

经过整个冬季的低温天气后，次年 2 月初前后，郁金香的新芽破土而出，不断生长形成茎叶。到 4—5 月，郁金香逐渐绽放。

一串红

一串红因其外观修长且颜色鲜红而得名。秋高气爽时，正是一串红花叶繁茂的时候，它属于园林里较常见的品种。一串红整株可高达90厘米。花朵生得较为繁密，果实为椭圆形坚果，内部有黑色的种子。一串红还是中药材，有清热解毒的功效。

一串红

别称：炮仗红、象牙红、西洋红

科：唇形科

分类：鼠尾草属

花期：5—11月

一串红属于典型的红色系花卉，常常与浅黄色的美人蕉、浅蓝色或浅粉色的牡丹、翠菊等花卉搭配在一起布置花坛，非常美观。

叶子呈卵圆形或三角状卵圆形，边缘有锯齿，两面均无毛。

车 前

车前对生存环境要求很低，不惧严寒，也不畏干旱。车前的根茎粗短，叶子没有茎秆，直接从根部向四周展开，形似莲花座。叶片是椭圆形的，薄如纸片，但是叶柄内含有一种韧性极好的纤维质，能经受住踩踏和碾压。车前的花朵是穗状的，像细细的圆柱，花朵凋谢后，结椭圆形的蒴果。车前全身都是宝，嫩叶可以制成美食，成熟的车前叶和果实（车前子）可供药用。

车前

别称：马蹄草、车轮草

科：车前科

分类：车前属

花期：4—8 月

车前的嫩叶口感爽滑，可以凉拌、炒制、做馅、煲汤或煮粥。

车前的种子传播主要依靠雨水冲刷或依附在人们的鞋子上。

夏枯草

夏枯草一般生长于湿地、草丛、路旁，对生长环境的适应性很强，整个生长过程中很少发生病虫害。根茎在地面匍匐生长，节上有须根，表面有稀疏的毛；花朵里含有甜甜的汁液，可以吸食；花朵凋谢后，露出棕褐色的果穗，里面有像卵珠一样的小坚果；夏枯草有清火明目的功效，可用于治疗目赤肿痛、头痛等，是一味常用的中药材。

夏枯草

别称： 大头花、铁色草

科： 唇形科

分类： 夏枯草属

花期： 4—6 月

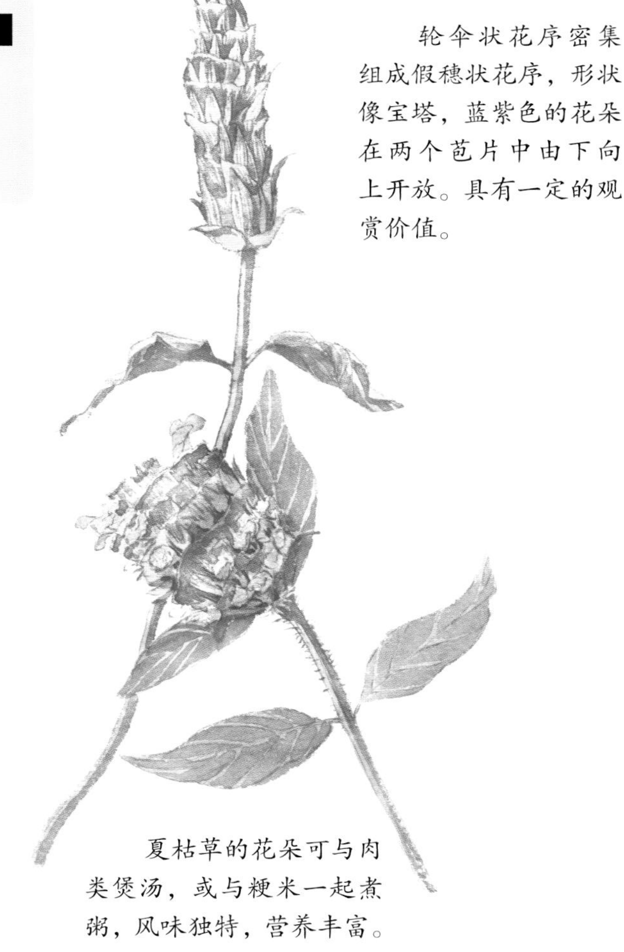

轮伞状花序密集组成假穗状花序，形状像宝塔，蓝紫色的花朵在两个苞片中由下向上开放。具有一定的观赏价值。

夏枯草在夏季会枯萎，通过种子和根茎繁殖。

夏枯草的花朵可与肉类煲汤，或与粳米一起煮粥，风味独特，营养丰富。

玉 米

玉米是世界上产量较高的粮食作物，与水稻、小麦等同为亚洲人的主食。玉米味道香甜，含有丰富的蛋白质、维生素和纤维素，可制成各式菜肴及饮品，如可口的玉米汁、窝窝头。玉米还是最常见的饲料。

玉米

别称：苞谷、苞米
科：禾本科
分类：玉蜀黍属
高度：100—200 厘米

甜玉米既可以煮熟后直接食用，又可以制成各种风味的罐头和冷冻食品。

风干的玉米粒可以制成香喷喷的爆米花。

冬 瓜

冬瓜是蔓生或架生草本植物，常搭棚架使藤蔓缠绕延伸生长。冬瓜一般生长在阳光充足、温暖的地方，生长发育适温为25—30℃。果实为瓠果，可食用部分为肉质的中果皮，呈长圆形或近似球形。冬瓜体积、质量较大，当吊在藤上生长时，茎部常常会发生断裂，所以，人们会用木板来托住果实。未成熟的果实鲜嫩，适合煮汤或清炒。果皮和种子可供药用，具有消炎、利尿、消肿的功效。

冬瓜

别称：白瓜、地芝

科：葫芦科

分类：冬瓜属

花期：5—6 月

将冬瓜切开，可以看到白色的果肉（即中果皮）。

叶子是较为柔软的纸质，呈近似圆形的肾状，边缘处有小齿。

花冠为黄色，呈辐射状生长。

葫　芦

葫芦是一种藤本植物，一般生长在温暖、避风的环境中。它的藤可达15米。夏季，藤上会开出花朵。这些花朵多在晚上开放，故而被称作“夕颜”。鲜嫩的葫芦可食用，凉拌或炒制均可。

葫芦

别称：蒲芦

科：葫芦科

分类：葫芦属

花期：6—7月

○遇见古老的植物
○感受自然的力量
○美了千年的植物
○学着养一盆绿植

扫码查看

葫芦果实逐渐成熟，呈现出玉石般的光泽。

待葫芦果实变硬至完全成熟时，就可以采摘下来，锯成两半制成瓢。瓢可以用来舀水、盛放食物。

黄 瓜

黄瓜是夏季最常见的蔬菜之一，春季播种，夏季结果。黄瓜属于攀缘性植物，可以缠绕在搭架上生长。黄瓜鲜嫩时含有较多水分，清脆爽口。黄瓜表面有尖刺，随着不断生长、成熟，黄瓜会由原本的嫩绿色，变成黄绿色或黄色。茎和藤成熟后，都可供药用，具有消炎和祛痰的功效。

黄瓜

别称：青瓜、胡瓜、刺瓜

科：葫芦科

分类：黄瓜属

花期：6—7 月

黄瓜的表面有尖刺，吃之前最好用水清洗表面，这样可以洗掉尖刺和其他污渍。

老黄瓜和鲜黄瓜均可以生食或煮熟食用，也可以腌制成各种小菜。

南　瓜

春季种植南瓜苗，只需施肥一次，南瓜藤就会延伸生长，然后开花、结果。南瓜全身都是宝，没开花时，嫩绿的叶子和茎可以炒制食用；当花开后，结出较小的、嫩绿的南瓜，也可以作为食材；等南瓜变为成熟的、黄澄澄的老南瓜时，可以熬粥或者清蒸，味道香甜。

南瓜

别称：番瓜、北瓜

科：葫芦科

分类：南瓜属

花期：5—7月

老南瓜形如轮胎，果肉清甜，内部有很多南瓜子。

将老南瓜中的南瓜子取出晒干，炒制食用，回味无穷。

百日菊

百日菊适合生长在温暖、阳光充足的地方，它的根扎得较深，茎很坚硬，不会轻易倒伏。百日菊分支多，然后侧枝顶部的花比上一朵开的位置更高，所以得名“步步高”。百日菊的花瓣层层叠叠，为多层，花形美观，极具观赏价值，多进行人工培育，用来点缀花坛、花带等。

百日菊

别称：百日草、步步高、火球花

科：菊科

分类：百日菊属

花期：6—9月

百日菊的颜色有多种，其中红色百日菊连着花茎，远远看去就像一把撑开的伞。

百日菊一般具有舌状花冠，即花冠下部联合呈筒状，上部联合呈扁平舌状。

百日菊的花朵开在枝端头状花序，花瓣呈宽钟状，为多层，花朵较大，花色鲜艳。

大丽花

大丽花原产于墨西哥，是墨西哥的国花。大丽花花形美丽、花色鲜艳，再加上植株对二氧化硫、氟化氢、氯气等有害气体具有较强的吸收能力，所以深受人们喜爱，常被用来布置庭院、花坛等。大丽花花色多样，有20多种，花朵硕大，花形也有多种，包括单瓣、星状、球状、牡丹状、白头翁状等。

大丽花

别称： 大理花、东洋菊、天竺牡丹

科： 菊科

分类： 大丽花属

花期： 6—12 月

硕大的花朵由中间的管状花和外围的舌状花组成，花瓣颜色鲜艳。

蓟

蓟的叶子像羽毛，边缘有尖利的小刺，块根形状像纺锤，所有的枝上都长着白色丝状茸毛；头状花序圆球状，红色或紫色的小花呈针状，集合在一起盛开；结椭圆形瘦果。折断蓟的叶子，内部会流出白色的汁液；折断茎秆，在断面上会长出新芽。蓟的嫩叶可食用或做饲料及药材。

蓟

别称：刺蓟、大蓟

科：菊科

分类：蓟属

花期：4—11月

花朵凋谢后，会结出种子，种子成熟后，会随风飘走。

菊　花

菊花位列“中国十大名花”第三位，也是中国花中“四君子”（梅、兰、竹、菊）之一。菊花分布很广，几乎遍布中国各地，产量非常高。花朵较大，花瓣多层堆叠，颜色非常鲜艳。菊花种类繁多，每当花期到来，姿态不一、颜色多样的菊花竞相绽放，非常美观。

菊花

别称：秋菊、陶菊、隐逸花

科：菊科

分类：菊属

花期：9—11月

将菊花采下，阴干、蒸晒、烘焙，可制成菊花茶。菊花茶味道甘、苦，具有下火、清肝明目、解毒消炎等功效，深受人们喜爱。

菊花还可以用来制作菊花冻。菊花冻美味可口，口感清爽，深受孩子们喜爱。

蒲公英

蒲公英广泛生长在坡地、路边或田野上。它的根部深长；叶子基生，紧贴地面生长；茎折断后会流出白色的汁液；黄色花朵呈头状花序，由内向外开放。花谢后，包裹在花苞外的白色冠毛会结成一个漂亮的绒球，每个绒球包含100粒以上的种子，种子随风飘落，落在哪里，就在哪里孕育新生命。蒲公英可以做菜，还有很高的药用价值。

蒲公英

别称：黄花地丁、婆婆丁

科：菊科

分类：蒲公英属

花期：4—10月

花苞向下翻，花瓣凋谢后会长出白色的丝状冠毛。

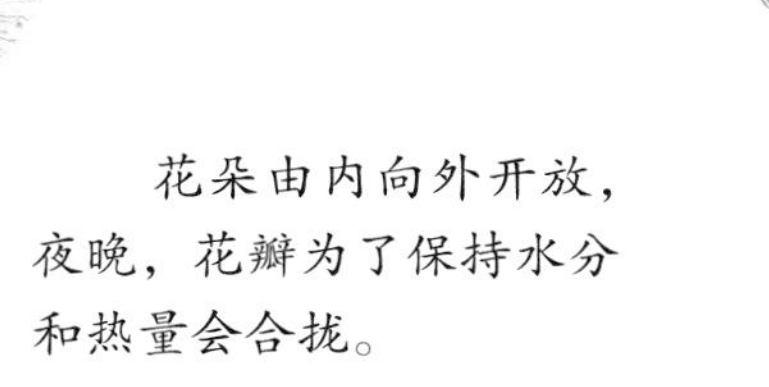

花朵由内向外开放，夜晚，花瓣为了保持水分和热量会合拢。

叶子边缘为波状齿，顶端裂片呈三角形，有明显的叶脉。

波斯菊

在路边、小溪旁常能看到波斯菊，波斯菊又称“秋英”，是一种著名的观赏植物。波斯菊一般生长在阳光充足的地方，生命力极强，对环境的适应能力也很强。根呈纺锤状，茎上不长毛或只长一些柔软的毛。花朵生在枝端，每处只长一朵花，直径为3—6厘米，色泽鲜艳，非常美观。

波斯菊

别称：秋英、大波斯菊

科：菊科

分类：秋英属

花期：6—8月

叶子细长，呈线形或丝状线形。

在路旁、田埂、溪边等都能看到波斯菊的影子。

向日葵

向日葵的花朵总是朝向太阳，所以又称“朝阳花”。茎较为粗壮且立挺，茎上长有粗硬毛，叶子呈卵形或卵圆形，表面较为粗糙，边缘呈锯齿状，还带有长长的叶柄。花朵生于枝端或茎顶，为头状花序，较大，直径可达30厘米，最小的也有10厘米。花朵的颜色为金黄色，非常鲜艳，远远看去像黄色的大圆盘。

向日葵

别称： 向阳花、太阳花、转日莲、朝阳花

科： 菊科

分类： 向日葵属

花期： 7—9月

向日葵的果实叫作葵花子，呈倒卵形或卵状长圆形，外皮较硬，为灰色或黑色，可生食，也可以炒熟食用。

向日葵较为高大，整株的高度为2.5—3.5米。每当花期到来，一排排向日葵竞相开放，极具观赏性。

大花蕙兰

每当春暖花开的时候，多种花色的大花蕙兰竞相绽放，极具观赏性。它的花姿独特，对甲醛、苯等有害气体的吸收能力很强，常被人们置于花架、阳台上。大花蕙兰花色多种多样，主要包括白色、黄色、绿色、紫红色及复色等。

大花蕙兰

别称：喜姆比兰、蝉兰

科：兰科

分类：兰属

花期：10月—次年4月

大花蕙兰花朵硕大，色泽艳丽，它是兰花的一种，所以有“兰花新星”的美称。

大花蕙兰的茎较为粗壮，呈椭圆形，略扁；叶子细长且常年浓绿，是典型的多年生常绿草本植物。

菠　菜

菠菜原产于伊朗，在唐朝初期，从尼泊尔传入中国，并在中国得到普遍栽培，是极常见的蔬菜之一。菠菜富含类胡萝卜素、维生素C、维生素K、矿物质、辅酶Q10等多种营养元素，是人们喜食又营养丰富的蔬菜。

菠菜

别称：波斯菜、红根菜、鹦鹉菜

科：藜科

分类：菠菜属

菠菜属耐寒蔬菜，种子在4℃气温中即可发芽，最适宜生长的温度为15℃—20℃，25℃以上生长不良，地上部分能承受-8℃—-6℃的低温。

菠菜种子充分成熟后易脱粒，所以应在种子成熟之前就全部收获，然后在干燥的地方堆置几天，以待种子成熟。

藜

藜，又称“灰菜”，茎部粗壮，表面有一条条紫红色或绿色的枝条，枝条斜升或开展；叶子为菱状卵形，似鹅掌，有时嫩叶表面有一层紫红色的泡状毛（粉状物）；圆锥状花序；果皮与种子贴生。灰菜是一种常见的野菜，可以食用，味道鲜美，营养丰富。

藜

别称： 灰菜、落藜

科： 藜科

分类： 藜属

花期： 5—8 月

○遇见古老的植物
○感受自然的力量
○美了千年的植物
○学着养一盆绿植

扫码查看

花朵较小，不美观，密集地簇生于枝头顶部或腋生。

嫩叶可以凉拌或炒食，也可以作为猪饲料。

洋桔梗

洋桔梗的花朵呈钟状，与桔梗相似，所以人们称它为“洋桔梗”。洋桔梗花色清丽淡雅，花形别致可爱，是比较常见的花卉种类。花冠为漏斗形，花瓣呈覆瓦状排列，而且花色丰富多彩，有红色、粉红色、淡紫色、黄色及复色等，色调清新，花姿典雅。

洋桔梗

别称： 草原龙胆、土耳其桔梗、丽钵花、德州兰铃

科： 龙胆科

分类： 洋桔梗属

花期： 5—10 月

洋桔梗播种半个月左右就开始发芽。

发芽后，再过半个月左右,就长出了幼苗。幼苗的生长极为缓慢。

播种后 4—5 个月，洋桔梗才开始开花。其花形别致典雅，是国际上极受欢迎的盆花和切花种类之一。

观赏獐牙菜

观赏獐牙菜常生长在草地上和路边，通常只有一根茎，从茎中部以上开始分枝，茎底部的叶子是椭圆形的，呈莲座状丛生。花瓣颜色为粉红色或深红色，结蒴果。观赏獐牙菜生长较缓慢。

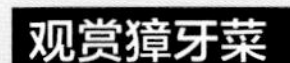

科：龙胆科

分类：獐牙菜属

花期：5—7月

分枝从中部以上才开始出现，茎叶对生。

叶片上有3条明显的叶脉。

花簇生于顶部，有细长的苞片，花蕊集中突出。

马齿苋

马齿苋是一种随处可见的野菜，耐旱、生命力很强，即使拔起久晒，也不会马上枯萎。马齿苋的茎部柔软并且紧贴地面；叶子小而肥厚，对称生长，形状像马齿；枝条呈淡绿色或暗红色；结小而尖的果实，果实中有马齿苋籽。马齿苋是食药两用的植物。

马齿苋

别称： 五行草、长命菜

科： 马齿苋科

分类： 马齿苋属

花期： 5—8 月

马齿苋茎顶部的叶子很柔软，可用来做汤、炖菜。

马齿苋的茎部粗，呈深红色；花小，呈黄色，有 5 片花瓣。

马齿苋常见于空地或田地，植株相互依附生长。

芍　药

芍药，又称“别离草”，它的根较为粗壮，为肉质纺锤形或长柱形块根；茎高达40—70厘米；花瓣的数量非常多，在百片以上，内外重叠。芍药的品种丰富，且花色繁多，种子可榨油、制肥皂和涂料等，根和叶可制栲胶。

芍药

别称：别离草

科：芍药科

分类：芍药属

花期：5—6 月

芍药的花瓣重叠形成碗状，中间有黄色的花蕊加以点缀，显得典雅而美丽。

芍药花朵大、花瓣多、花姿美，适用于插花。

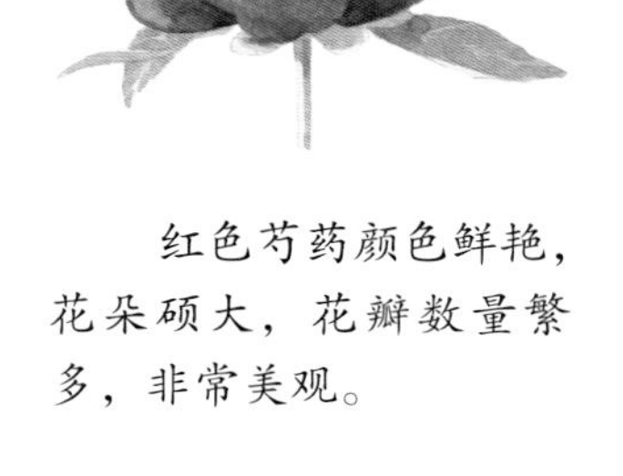

红色芍药颜色鲜艳，花朵硕大，花瓣数量繁多，非常美观。

猕猴桃

猕猴桃也称“奇异果”，表皮上长有一层短短的灰色茸毛，因猕猴喜食而得名。而新西兰人又觉得这种茸毛跟奇异鸟身上的褐色羽毛非常相像，所以，又称它为“奇异果”。剥开果皮，猕猴桃草绿色的果肉就会露出来，果肉带有特殊的香味，内部还长有一层黑色或绿色的种子。如果误将尚未熟透的猕猴桃采摘回来，也不用担心，放置几天后，果肉会变软，口味也会由酸变甜。

猕猴桃

别称：羊桃、奇异果

科：猕猴桃科

分类：猕猴桃属

花期：8—10 月

猕猴桃是一种木本藤蔓植物，可以攀附在其他树木上生长。

猕猴桃营养丰富、口味鲜美，常被榨成果汁饮用。维生素 C 含量高，是柑橘的 5—10 倍，比一般的果品高数十倍。

蛇　莓

蛇莓与草莓很相似，蛇莓的茎细长，匍匐生长，每节都会生根。成熟的蛇莓呈暗红色，近球形，可直接食用，味道酸甜，略带涩味。整株蛇莓为绿的叶、黄的花、红的果，彼此映衬，非常美观。

蛇莓

别称：蛇泡草、三匹风、三爪龙

科：蔷薇科

分类：蛇莓属

花期：8—10 月

蛇莓整株可供药用，晒干后，泡茶饮用，具有清热解毒、收敛止血等功效。制成乳膏，外敷可以治疗疔疮等病症。

番　茄

番茄表皮光滑，内部充满了松软的籽和汁液。轻轻一捏，汁液就会溅出。番茄产量很高，可以种植在田地里，也可以直接栽种在花盆里，生长期需要搭架子。番茄含有丰富的胡萝卜素、果酸、维生素及钙等，深受世界各地人们的喜爱，尤其是番茄还能制成番茄酱来烹饪各种美食。

番茄

别称：西红柿、洋柿子

科：茄科

分类：番茄属

花期：3—4 月

番茄在夏季开花，花朵为黄色，授粉后凋谢，会结出绿色的果实。果实不断长大成熟，由绿色变为鲜红色。

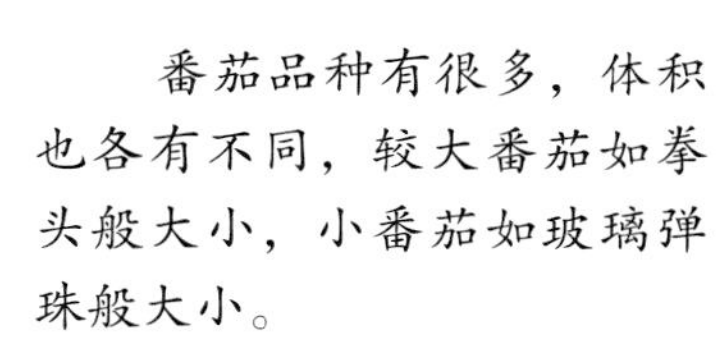

番茄品种有很多，体积也各有不同，较大番茄如拳头般大小，小番茄如玻璃弹珠般大小。

甜　椒

甜椒是辣椒的一个变种，味道不辣或微辣，富含抗氧化剂及多种维生素，品种丰富且颜色鲜艳，深受世界各地人们喜爱。常见的甜椒有红色、黄色、绿色、紫色等，无论是西餐还是中餐，常会用它作为点缀。甜椒对治疗白内障、心脏病都有一定辅助作用。

甜椒

别称：灯笼椒、柿子椒

科：茄科

分类：辣椒属

花期：4—8 月

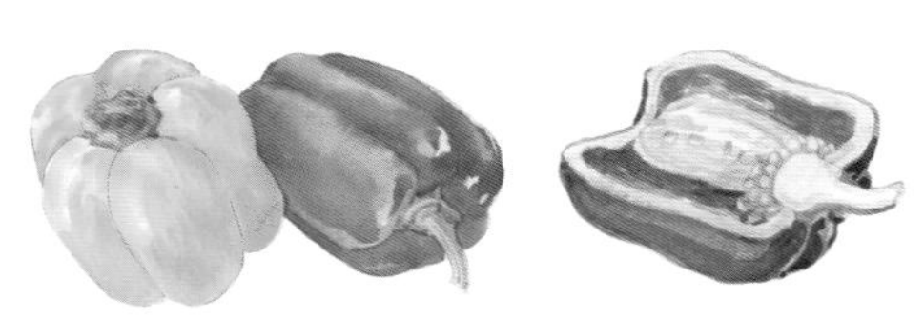

甜椒的果实颜色丰富，接近扁球状，表面有多条内凹沟，成熟时，犹如一盏盏小灯笼挂在枝间，很美观。

甜椒常用来制作开胃菜品或沙拉，也可用来做汤、炖菜等。

龙 葵

龙葵一般生长在田边、荒地及村庄附近，叶子很像辣椒叶。夏季会开出白色小花，成熟的浆果为黑紫色，味微酸，可以食用。叶子含有大量生物碱，煮熟后方可食用。龙葵还是一种中药材，具有散瘀消肿、清热解毒的功效。

龙葵

别称：野辣虎、野葡萄、天天

科：茄科

分类：茄属

花期：夏季

龙葵果实形似珠子，挤破会把白布染成紫黑色。

叶子基部为楔形，先端短尖，叶缘具有不规则的波状粗齿。

茄

茄分为表皮深紫色和绿色两个品种，其中紫色最为常见。茄的表皮光滑发亮，用煮熟的茄子拌米饭，米饭会被染成茄的颜色。茄除了果实可以食用外，根、茎、叶亦可供药用，具有利尿的功效，叶子还可以用作麻醉剂。

茄

别称：茄子、矮瓜、紫茄、昆仑瓜

科：茄科

分类：茄属

茄内部非常柔软，像海绵一样，很吸水，也很吸油。

马铃薯

马铃薯又称“土豆”，是世界范围内普遍种植的粮食作物。中国是世界上种植马铃薯最多的国家。马铃薯中的淀粉含量较高，将马铃薯切开或削皮时，沾在手上的白色粉末就是淀粉。马铃薯既可以当作主食，也可以当作副食。

马铃薯

别称：土豆、洋芋、山药蛋

科：茄科

分类：茄属

很多人认为平常吃的马铃薯是马铃薯的根部，事实上，我们食用的是马铃薯根部末端的块茎。开花时，马铃薯花朵生在植株顶端或顶端的侧面，花色为蓝紫色，很美观。

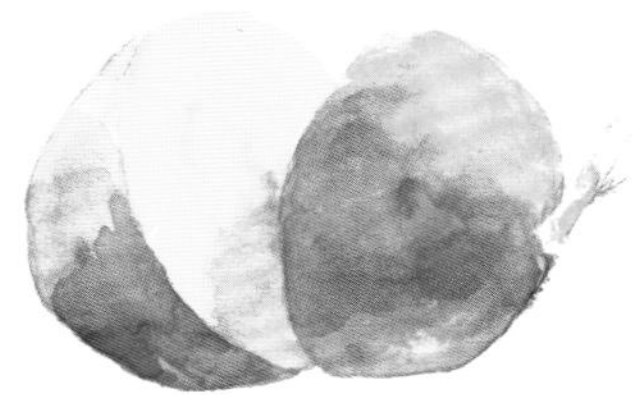

将马铃薯制成薯条，再配以番茄酱，非常美味。

白萝卜

白萝卜口感好且具有药用价值，现今已经有上千年的种植历史。白萝卜可食用的部分包括肉质的直根和叶子，又因其直根多为白色而得名。肉质的直根较为肥大，有的全部扎入土壤中，有的会有部分露在外面。多食用白萝卜有助于防癌抗癌、止咳化痰、清肠排毒等。

白萝卜

别称： 莱菔、菜头、芦菔

科： 十字花科

分类： 萝卜属

白萝卜口感清脆，略带甜味和辣味，加盐和糖搅拌均匀制成腌菜，搭配面条或粉丝，不仅能增加食欲，还可以促进消化。

白萝卜裸露在外的肉根经过阳光的照射会变成绿色，其口感比土壤中的白色部分更甜、更脆。

白 菜

白菜原产于中国北方，为东北、华北冬春两季重要蔬菜，通常会在秋季播种，第二年春季收获，也有一些地区在夏季播种，在晚秋收获。白菜叶长在极短的茎上，就像直接从根上生长一样，呈莲座状。叶子一层层紧紧包在一起，形成了球状，俗称“叶球”。叶球较大，有时可重达3千克。

白菜

别称：结球白菜、绍菜、大白菜

科：十字花科

分类：芸薹属

白菜清甜可口，可炒、炖、凉拌，也可以腌制成泡菜，具有清肠利便的功效。

白菜叶球外层的叶子呈浅绿色或浓绿色，菜心部分呈奶白色或淡黄色，因此也称“黄芽菜”。

菜　心

菜心是中国特产蔬菜，适合生长在温暖的南方，一年四季都可以种植。主根不发达，须根较多，扎入土壤不深，拥有较强的再生能力。花茎较长，每当花开的时候，花茎顶端开出黄色的花朵，与油菜花有点儿相似。叶子和嫩茎是菜心的可食用部分，做汤或炒制小菜，口感鲜嫩、清淡爽脆。菜心不适合在北方生长。

菜心

别称：白菜薹、水白菜花

科：十字花科

分类：芸薹属

叶子呈卵圆形或椭圆形，叶片较宽，为黄绿色或深绿色，边缘处呈波浪状。

花冠比较特别，呈十字形，为黄色。

甘 蓝

甘蓝在亚洲各国均有种植。它并非一开始就呈球状，最初甘蓝的叶子是向四周散开的，后来，随着生长，叶子不断向内收拢，逐渐形成一个球形。甘蓝口感清脆，带有甜味，可切成丝凉拌、蒸或炒熟食用，西方人常用它做沙拉，几乎每天都会食用。

甘蓝

别称：圆白菜、包菜、包心菜

科：十字花科

分类：芸薹属

甘蓝品种较多，有绿色、白色和紫色的。叶子光滑厚实，每一层都相互紧贴着，而且越内层的叶子褶皱越多。

甘蓝适合生长于阴凉的环境，在秋季收获的甘蓝口感更佳。

延胡索

延胡索一般生长于丘陵草地，更适应温暖湿润的气候，又称“大地之雾”。地下有圆球形块茎，地上茎短、纤细，折断后会流出黄色的液汁；蒴果圆柱形，具有活血、行气、止痛的功效，是常用的中药材之一。

延胡索

别称：元胡、玄胡

科：罂粟科

分类：紫堇属

花期：3—4 月

花瓣的边缘向上翘起，顶部颜色较深，4 片花瓣，外轮 2 片稍大，内轮 2 片稍小。

植株高 10—30 厘米。块茎圆球形，质地发黄。

叶片轮廓为宽三角形，叶柄长。

韭　兰

韭兰一般生长在庭院小路旁或者树荫下，叶片呈线形，非常像韭菜。花瓣6—8枚，呈粉红色。韭兰叶片是扁的，容易弯曲或倒伏。韭兰与葱兰比较相似，葱兰花朵的颜色一般是白色，而韭兰的花朵一般是粉红色的，颜色鲜艳，非常美观。

淡红色的韭兰花瓣呈“Y”形张开。

韭兰

别称： 韭莲、风雨花

科： 石蒜科

分类： 葱莲属

花期： 5—8 月

韭兰的鳞茎不算粗大，直径约为 2.5 厘米，还有明显的颈部，颈长是鳞茎直径的 1—2 倍。

葱兰主要花色是白色，部分带有红褐色的苞状总苞，像火焰一般，典雅优美。

石 竹

石竹整株无毛，节膨大，叶对生。种类较多，包括钻叶石竹、丝叶石竹、高山石竹、辽东石竹等。花朵的颜色也有很多种，有紫红色、粉红色、鲜红色和白色等。石竹能够吸收二氧化硫和氯气。

石竹

别称： 洛阳花、中国石竹、中国沼竹、石竹子花

科： 石竹科

分类： 石竹属

花期： 5—6 月

花瓣呈倒卵状三角形，边缘处呈锯齿状，表面有斑纹。

整株石竹高 30—50 厘米，适合生长在阳光充足且干燥通风的地方。

藕

藕其实就是荷花的块茎。生长在污泥里，呈节状，是荷花储存养分的部位。切开藕，会发现内部多孔，还会拉出很多细长的丝。藕可以切片清炒，也可以腌制，口感清脆。也可以磨成粉冲泡饮用，有益健康。

藕

别称：莲藕
科：睡莲科
分类：莲属
成熟期：7—10 月

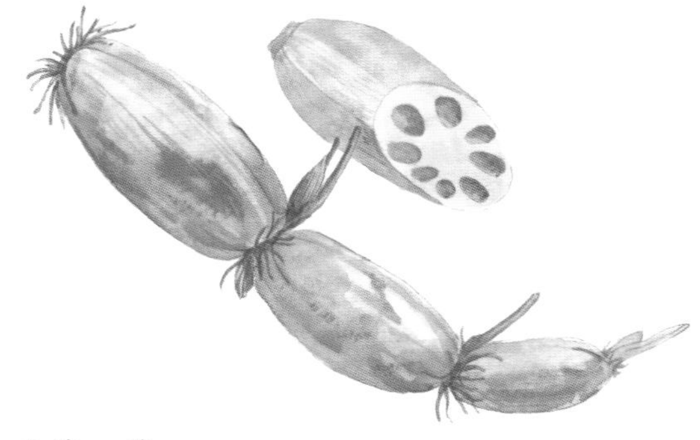

每到仲夏时节，荷花绽放，硕大的花朵掩映在绿叶间，非常美观。

花朵授粉凋谢后，会长出海绵质的莲蓬，其形状如喷头，每个“喷水孔”内都有一个又圆又硬的莲子。

鸡冠花

鸡冠花的花朵为红色，因形如鸡冠而得名。鸡冠花植株主干较为粗壮，分枝很少；花朵生得极密，在一个大的花序下长有多个较小的分枝，呈圆锥状，而表面则呈羽毛状，给人一种毛茸茸的感觉。鸡冠花对二氧化硫、氯化氢有良好的吸收作用，可达到净化空气的目的。此外，鸡冠花还具有很高的药用价值。

鸡冠花

别称： 红鸡冠、老来红、大鸡公花

科： 苋科

分类： 青葙属

花期： 7—10 月

叶子为葱绿色，叶脉清晰。

与公鸡的鸡冠对比一下，鸡冠花的花形是不是跟它很像呢？

芋

芋就是人们常说的芋头，它与土豆相似，只是体积较小。将芋头去皮，置于淘米水里煮熟，味道和土豆也很接近。芋头是植株基部的短缩茎，随着养分的积累，逐渐变得肥大，形成球状肉茎。芋头可以用于制酒、酿酒等。

芋头

别称： 青芋、毛芋头

科： 天南星科

分类： 芋属

成熟期： 8—10月

叶柄又称“芋梗”，可以剪下来煮熟食用，也可以晒干，保存一段时间后，再炒熟食用。

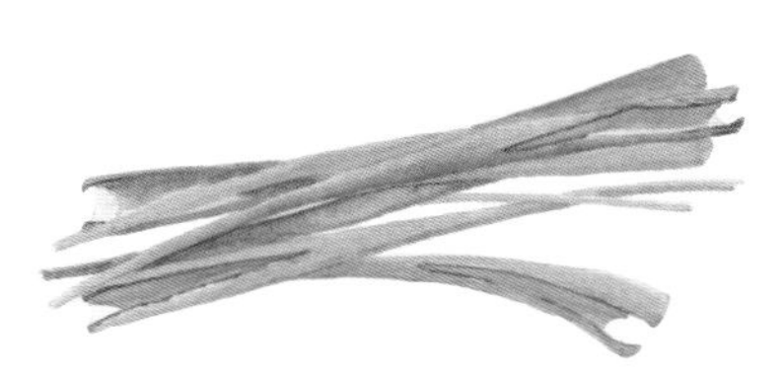

芋头适合生长在潮湿的地方，常被种植在井边和水沟旁。

芋头煮熟后口感细软、绵甜香糯，人们炖肉时会加入芋头。

百香果

百香果外形呈卵球形，与鸡蛋相似，果肉间充满黄色果汁。百香果未成熟时为青色，成熟后为紫色，果皮较硬，气味芳香。果实美味可口，因含有非常丰富的果汁，被称为“果汁之王”。百香果可供药用，具有消除疲劳、美容养颜等功效。百香果非常高产，不仅可以直接食用，还可以作为蔬菜甚至饲料原料。

百香果

别称： 西番莲
科： 西番莲科
分类： 西番莲属
成熟期： 11 月

花朵生于叶腋，每处只生一朵。花朵较大，基部为淡绿色，中部为紫色，顶部为白色，非常美观。

百香果晒干后，表皮褶皱增多，切开取出果肉，可以泡茶饮用。

甘 薯

甘薯植株的块根长在地下，带有甜味，故而在北方又被称作“地瓜”。甘薯的种类较多，其中红色和黄色的品种最常见。一般来说，夏初开始育苗，秋季收获。从夏季到收获前，都可以采摘甘薯茎及番薯叶子作为食材。

甘薯

别称： 红薯、地瓜、番薯、番芋

科： 旋花科

分类： 甘薯属

成熟期： 8—11 月

- 遇见古老的植物
- 感受自然的力量
- 美了千年的植物
- 学着养一盆绿植

甘薯的产量很高，可以放到地窖里储存很长时间，还可以加工成淀粉。

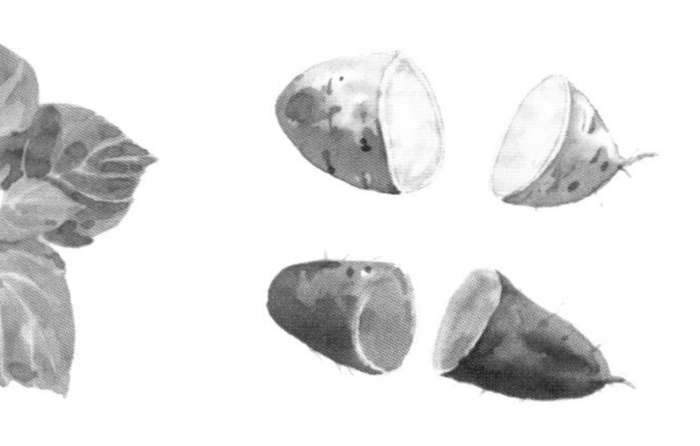

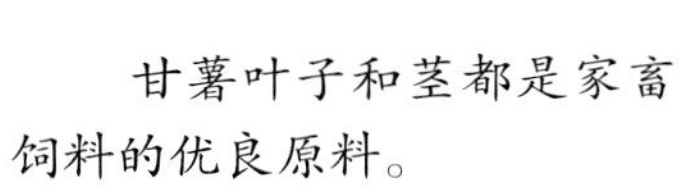

甘薯叶子和茎都是家畜饲料的优良原料。

甘薯呈纺锤形、椭圆形或圆形，切开后，里面的颜色、花纹因为品种的不同而存在差异。

圆叶牵牛

圆叶牵牛一般生长在温暖且阳光充足的地方。它非常耐干旱，即使在贫瘠的土壤上，也能生长得很好，因此广泛分布于世界各地。茎上长有倒向软毛或倒向长硬毛，叶子呈圆心形或宽卵状心形。花朵生在花序梗的顶端，生一朵或多朵，聚集形成伞形花序。它的花冠为漏斗状，使得整朵花看上去像个喇叭。

圆叶牵牛

别称：圆叶旋花、小花牵牛

科：旋花科

分类：虎掌藤属

花期：6—9月

圆叶牵牛是一种攀缘草本植物，多攀附于山石、篱笆、花架等进行生长。

圆叶牵牛盛开后，展开的花盘会收拢，然后枯萎，长出球形的蒴果。

虞美人

虞美人又称“赛牡丹”，人们认为它像牡丹一样美丽，它的花朵很薄，像彩云般轻盈；茎和叶子上都有毛，分枝细弱；花瓣近圆形，花色丰富，能开红色、紫色或白色的花。虞美人不但花美，而且药用价值高，还可以作为染料。

虞美人

别称： 丽春花、赛牡丹

科： 罂粟科

分类： 罂粟属

花期： 4—8 月

蒴果像小小的莲蓬，呈盘状，无毛，里面有许多肾状长圆形的种子。

叶子互生，披针形，呈羽状分裂，从底部到尖端逐渐变小。

虞美人全株长满明显的糙毛，分枝多而且纤细，叶质较薄，就如同纤弱的美人。

附地菜

附地菜，又名“鸡肠草”，因为它的茎部为棕红色，类似鸡肠而得名。附地菜紧贴地面生长，整株像莲花座四散铺开；单叶互生，叶片皱缩，为椭圆形或长圆形，表面被糙伏毛；总花序细长，可达20厘米，顶端开蓝色小花；结小坚果。全草可供药用。

附地菜

别称：鸡肠草、地胡椒

科：紫草科

分类：附地菜属

花期：5—6月

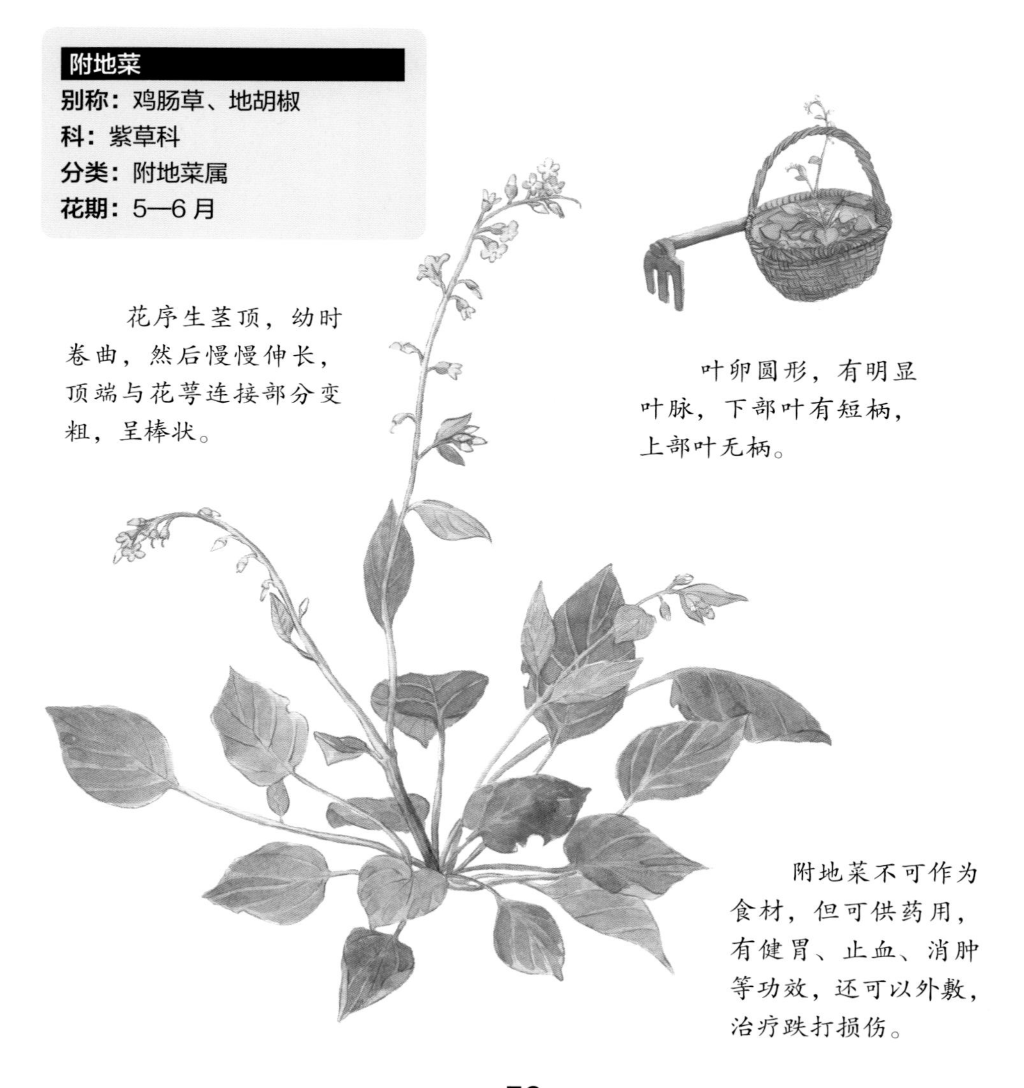

花序生茎顶，幼时卷曲，然后慢慢伸长，顶端与花萼连接部分变粗，呈棒状。

叶卵圆形，有明显叶脉，下部叶有短柄，上部叶无柄。

附地菜不可作为食材，但可供药用，有健胃、止血、消肿等功效，还可以外敷，治疗跌打损伤。

琉璃苣

琉璃苣的口感和气味与黄瓜相似，外形类似于大型茼蒿。琉璃苣全株密生粗毛，花朵非常美观，花冠蓝色5瓣，蜜蜂和蝴蝶常被其花朵的香气吸引而来。种子为小坚果，表面有乳头状的突起。琉璃苣嫩叶可以作为蔬菜食用，鲜叶及干叶还可用于炖汤。另外，叶子还含有挥发油，能平抚情绪、安定神经，是一种有名的药材。几百年前，欧洲人就将其作为药草使用。

琉璃苣

别称： 星星草

科： 紫草科

分类： 琉璃苣属

花期： 7 月

花序下垂，呈喇叭状，5 枚花瓣的形状像星星。5 枚雄蕊在花中心排成圆锥形。

每年 7 月是琉璃苣盛开的时间，花朵可以做糖果，并有镇痛的效果，也可做蜜源。

牛舌草

牛舌草一般生长在田野和沙质土壤中，花形较小，密毛较柔软。花朵从短的侧枝上开出，花簇呈螺旋状，花朵的颜色从红色逐渐变成蓝紫色。结较小坚果。牛舌草具有药用价值。

牛舌草

科： 紫草科

分类： 牛舌草属

花期： 4—7 月

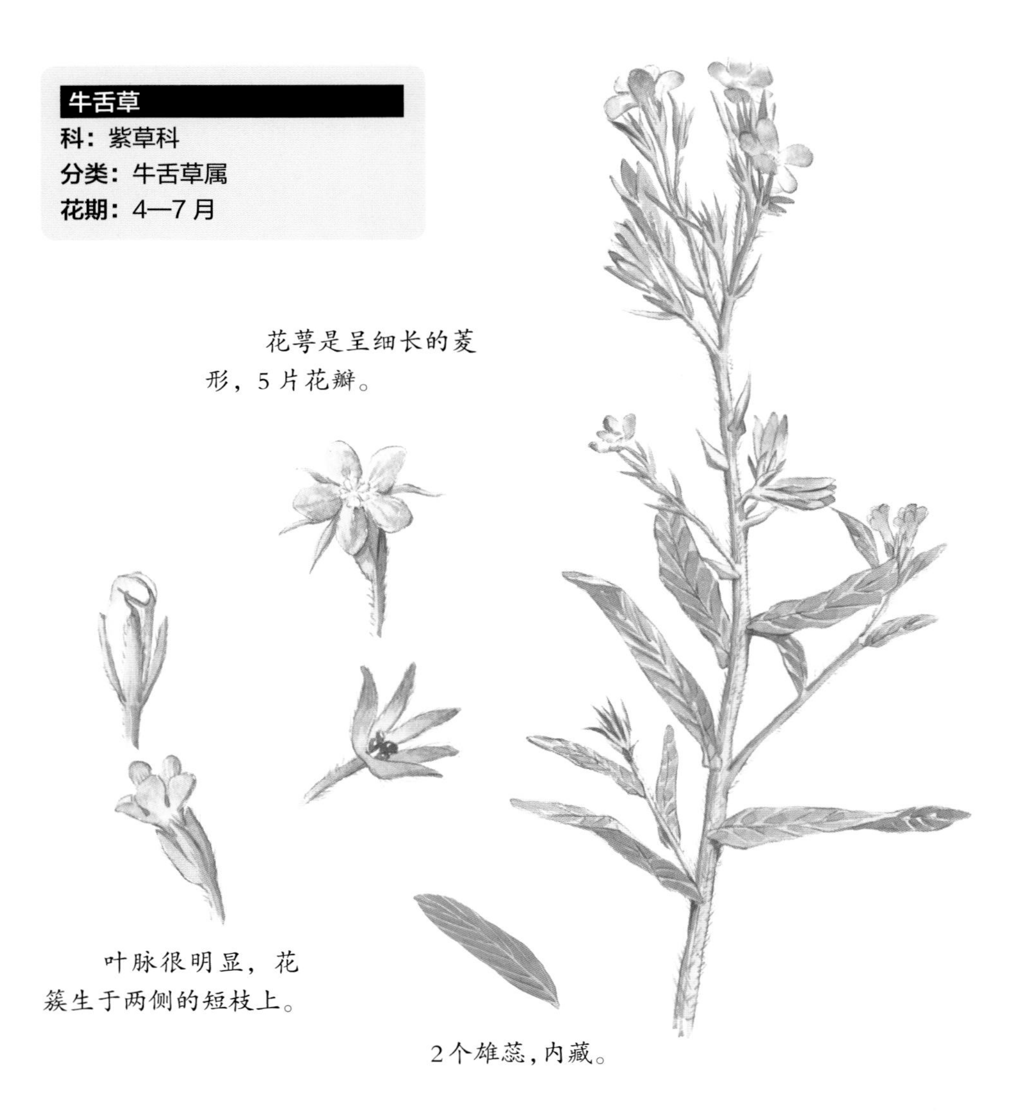

紫茉莉

紫茉莉适合生长在温暖湿润的气候中，原产于热带美洲。花簇生在枝端，颜色鲜艳，有紫红色、黄色、白色或杂色。紫茉莉喜爱阴凉，只在清晨或者傍晚时花朵才开放，如果光照强烈，花朵会自然闭合。夏天，人们常常在院子里或室内种一盆紫茉莉，用来驱蚊。

紫茉莉

别称：状元花、粉豆花、胭脂花
科：紫茉莉科
分类：紫茉莉属
花期：6—10 月

花被呈高脚杯状，易识别。

果实为黑色瘦果，较小，直径为 5—8 毫米，呈球形，表面有褶皱。